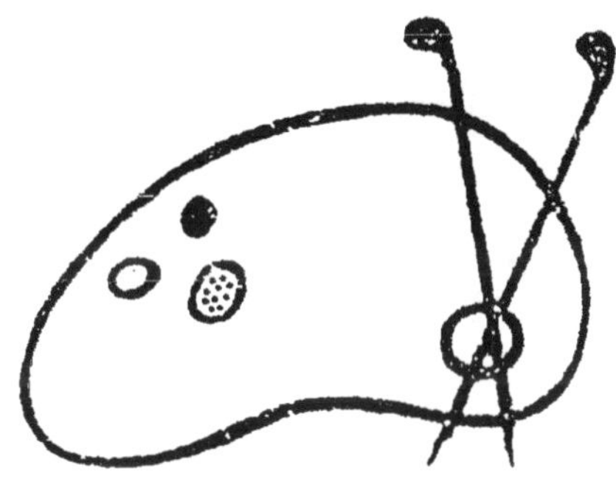

Début d'une série de documents
en couleur

N° 96   Prix : **10 centimes**.

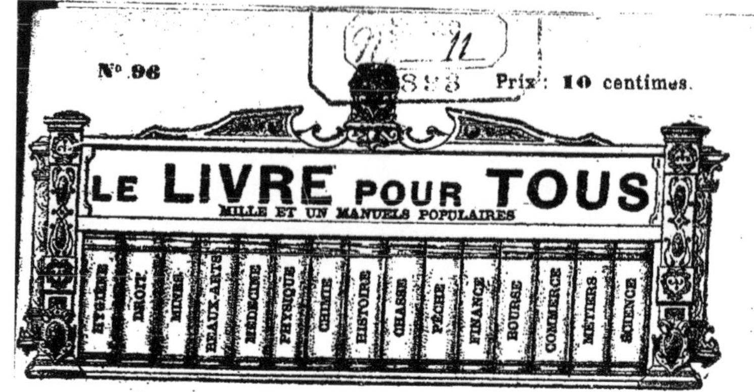

SCIENCE

LES PREMIERS BALLONS

L. BOULANGER, éditeur, 90, boul. Montparnasse, PARIS.

LE LIVRE POUR TOUS

VOLUMES PARUS

1. Hygiène : *La santé.*
2. Médecine : *Les maladies et les remèdes.*
3. Science : *La photographie.*
4. Littérature : *La littérature française.*
5. Géographie : *L'Afrique française.*
6. Armée : *Le service militaire.*
7. Science : *L'astronomie.*
8. Histoire : *Histoire romaine.*
9. Horticulture : *Les fleurs.*
10. Travaux manuels : *La couture.*
11. Hygiène : *Les falsifications. Aliments.*
12. Hygiène : *Les falsifications. Boissons.*
13. Armée : *Les écoles militaires.* Saint-Cyr.
14. Finances : *Les douanes.*
15. Enseignement : *Grammaire anglaise.*
16. Médecine : *Anatomie et physiologie. Appareil digestif.*
17. Économie sociale : *Les impôts.*
18. Science : *Eléments d'arithmétique.*
19. Littérature : *La littérature française. Le xvi° siècle.*
20. Économie sociale : *L'épargne.*
21. Droit : *La justice de paix.*
22. Géographie : *L'Europe.*
23. Économie sociale : *Les assurances.*
24. Science : *L'électricité.*
25. Beaux-Arts : *La peinture sur porcelaine.*
26. Agriculture : *Les engrais.*
27. Littérature : *La littérature française. xviii° siècle, 1re période.*
28. Économie domestique : *La cave et les vins.*
29. Droit civil : *Les enfants.*
30. Science : *Botanique, 1re partie.*
31. Hygiène : *La première enfance.*
32. Arts d'agrément : *Les feux d'artifice.*
33. Science : *La chimie.*
34. Horticulture : *Les arbres fruitiers.*
35. Droit civil : *Le mariage.*
36. Géographie : *La Russie.*
37. Agriculture : *La viticulture.*
38. Arts d'agrément : *La pêche.*
39. Littérature : *La littérature française. xviii° siècle, 2e période.*
40. Science : *Botanique. La vie des plantes, 2e part. Fleurs et fruits.*
41. Science : *Les microbes.*
42. Arts d'agrément : *La chasse.*

43. Géographie : *L'Allemagne.*
44. Histoire : *La France, 1re partie.*
45. Littérature : *La littérature française. xviii° siècle.*
46. Science : *L'homme préhistorique.*
47. Géographie : *L'Océanie.*
48. Littérature : *La littérature française. xix° siècle.*
49. Histoire : *La France, 2e partie.*
50. Enseignement : *Grammaire anglaise.* Syntaxe et prononciation.
51. Science : *Cosmographie, 1re part.*
52. Science : *Cosmographie, 2e partie.*
53. Métiers : *L'imprimerie.*
54. Histoire : *Histoire de France.*
55. Métiers : *La typographie.*
56. Cuisine : *L'office.*
57. Travaux manuels : *Le tricot.*
58. Cuisine : *Les viandes, tome I.*
59. Cuisine : *Les viandes, tome II.*
60. Histoire : *Histoire ancienne.*
61. Science : *Torpilles et torpilleurs.*
62. Médecine : *La rage et l'Institut Pasteur.*
63. Armée : *Les fusils à répétition.*
64. Science : *Les tremblements de terre.*
65. Armée : *Les projectiles.*
66. Science : *Les ballons dirigeables.*
67. Armée : *Les mitrailleuses.*
68. Science : *L'électricité au théâtre.*
69. Industrie : *Le canal de Suez.*
70. Industrie : *Les aiguilles.*
71. Armée : *Les canons.*
72. Industrie : *Les locomotives.*
73. Science : *La lumière électrique.*
74. Industrie : *Les mines.*
75. Viticulture : *Le phylloxera.*
76. Industrie : *Le tissage de la soie.*
77. Grandes écoles : *La manufacture de Sèvres.*
78. Hygiène : *L'alcool.*
79. Grandes écoles : *Les Gobelins.*
80. Beaux-Arts : *Les faïences anciennes.*
81. Littérature : Victor Hugo. *A travers son œuvre.*
82. Industrie : *Les tissus façonnés.*
83. Littérature : Molière. *Les précieuses ridicules.*
84. Littérature : Molière. *Le tartufe,* I.
85. — — — t. II.
86. Industrie : *Les alcools,* tome I.
87. — — tome II.
88. — *La bougie.*
89. Arts et métiers : *La gravure,* t. I.
90. — — t. II.

POUR PARAITRE

91. Littérature : Beaumarchais. *Le Barbier de Séville,* tome I.
92. Littérature : Beaumarchais. *Le Barbier de Séville,* tome II.
93. Littérature : Molière. *L'école des maris.*
94. Littérature : Hégésippe Moreau. *Contes.*

95. Science : *Les moteurs à gaz.*
96. — *Les premiers ballons.*
97. — *La direction des ballons.*
98. — *Les piles électriques,* I.
99. — — t. II.
100. Littérature : La Fontaine. *Fables choisies.*

10 centimes le volume.

LE LIVRE POUR TOUS

Aujourd'hui un livre, quel qu'il soit, ne peut compter sur un grand succès durable que s'il est tellement *bon marché* que tout le monde puisse l'acheter sans compter, s'il est *tellement intéressant* et utile, que tout le monde dise : « *Je veux le lire, l'avoir et le garder.* »

Or il n'y a pas de livres d'un intérêt plus réel, d'une utilité plus pratique et plus constante que ceux qui fournissent des *renseignements précis et complets* sur ce que tout le monde veut savoir et doit connaître.

Mais ces livres d'information et de référence ne sont vraiment bons qu'à la condition d'être des guides toujours sûrs, des conseillers toujours prêts à répondre exactement aux nombreuses questions que l'on a sans cesse à résoudre. Ils doivent être méthodiques, exacts, clairs, faciles à manier, commodes à emporter partout avec soi. Ils doivent en outre constituer dans leur ensemble la meilleure et la plus parfaite des encyclopédies; et en même temps chacune de leurs parties doit former un tout distinct, de telle sorte que celui qui veut se contenter de cette partie unique y trouve tout ce dont il a besoin.

Un dictionnaire ne peut réunir ces avantages : s'il est volumineux, il est cher et par conséquent pas à la portée de tous; s'il est petit, il est restreint, et les articles en sont nécessairement écourtés, incomplets. De plus le dictionnaire renvoie d'un mot à l'autre, il ne peut se lire à la suite, il contient des redites. Les manuels, les traités sont évidemment plus utiles, mais ils sont d'ordinaire d'un prix élevé, surtout quand il s'agit de questions spéciales ou scientifiques ou techniques.

Nous avons pensé qu'il restait à créer une collection réunissant, à la fois, l'utilité des dictionnaires et celle des manuels, et d'un prix si minime que tout le monde puisse se la procurer.

Nous avons donné à cette collection un titre général disant d'un mot ce qu'elle est :

Le Livre pour tous, c'est-à-dire le livre indispensable à tout le monde, le livre auquel on doit avoir recours en toute occasion et qui mérite toute confiance.

Le Livre pour tous donne à tous les connaissances nécessaires à tous. Il est le vade-mecum de toute instruction pratique, le répertoire de toutes les sciences usuelles.

Le Livre pour tous est le livre de tous ceux qui travaillent, qui étudient, qui s'informent, qui veulent s'éclairer, c'est-à-dire tout le monde.

Ce qui distingue notre collection de toutes celles que l'on a publiées dans le même genre et ce qui fait sa supériorité sur toutes les compilations adressées aux lecteurs sous prétexte de vulgarisation, ce qui doit lui donner la préférence sur les dictionnaires et les manuels, c'est, nous le répétons :

1° *Le bon marché.* — Chacun de nos volumes ne coûte que 10 centimes, et contient comme texte le tiers d'un volume ordinaire de 300 pages vendu 3 fr. 50 et même de 4 à 6 francs.

2° *L'abondance et l'exactitude des renseignements.* — Chacun de nos volumes est rédigé avec le plus grand soin par des auteurs compétents d'après les travaux les plus récents et les plus autorisés.

3° *La commodité du format.* — Chacun de nos volumes peut facilement tenir dans la poche, on peut l'emporter avec soi à la promenade, le lire en voiture, en omnibus, en chemin de fer.

4° *La clarté du texte.* — Les volumes sont imprimés en caractères neufs, lisibles sans fatigue, et les matières sont disposées de telle sorte que d'un coup d'œil on trouve ce que l'on cherche.

5° *La valeur documentaire.* — Chaque volume forme un tout ; mais l'ensemble des volumes forme une encyclopédie. Dans chaque volume, chaque sujet est traité à fond. De plus chaque volume est accompagné de documents, de tables de références, de tables statistiques, etc., qui sont d'un usage précieux.

Il suffit d'avoir sous les yeux un seul de nos volumes pour se rendre compte de l'importance de notre collection et des services qu'elle rend.

Tous les volumes de la collection sont rédigés avec le même soin, d'après la même méthode et dans le même but d'utilité.

N. B. Le Livre pour tous peut être mis dans toutes les mains. C'est la meilleure récompense à donner aux élèves dans toutes les écoles. C'est la collection la plus utile à tout le monde.

L'éditeur-gérant : L. BOULANGER.

Sceaux. — Imp. Charaire et Cie.

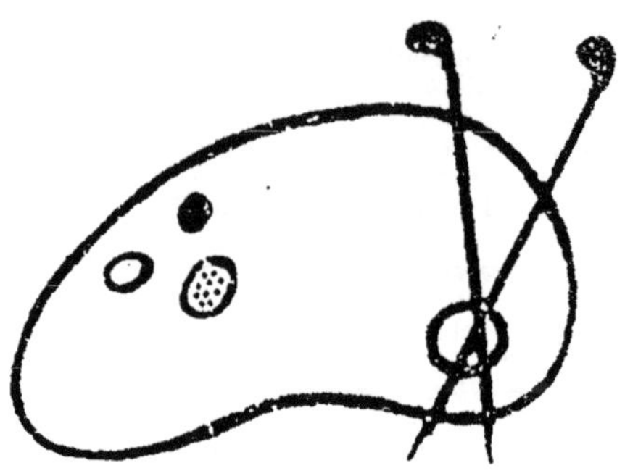

Fin d'une série de documents en couleur

LES PREMIERS BALLONS

LES PREMIERS BALLONS

Un volume de cette collection (n° 66) a déjà été cor.sacré aux ballons mais il ne s'occupait que de la solution du problème, de la navigation aérienne, depuis les essais de Henri Giffard.

Ici nous remonterons jusqu'à l'origine des ballons, histoire tout aussi intéressante, sinon plus, car si les ballons n'avaient pas été inventés, personne n'aurait songé à les diriger.

PRÉCURSEURS DE MONTGOLFIER

Sans vouloir diminuer la gloire des frères Montgolfier, véritables inventeurs de l'aérostat, on doit reconnaître qu'ils ne furent pas les premiers à rêver et même à tenter la conquête de l'air.

L'allégorie d'Icare, dont les ailes fixées avec de la cire se détachèrent, parce qu'il s'approchait trop du soleil, a été prise au sérieux par des novateurs qui considéraient la mythologie comme de l'histoire, et l'on pourrait en citer un certain nombre qui tentèrent par des moyens plus ou moins ingénieux, mais toujours peu pratiques, de s'affranchir des lois de la pesanteur, surtout depuis qu'Archimède inventa le fameux principe qui porte son nom. « Tout corps plongé dans un fluide est poussé de bas en haut avec une force égale au poids du fluide dont il tient la place. »

De fait, toute l'aérostation est dans cet axiome de physique, il s'agissait de l'en faire sortir.

C'est ce que fit Archytas, qui, si l'on en croit Aulu-Gelle s'enleva et se soutint dans l'air, au moyen d'une colombe volante, dans l'an 360 de notre ère, mais comme l'historien ne nous a laissé aucun détail sur cet appareil, nous n'en parlons que pour mémoire.

Au même titre, nous signalerons l'expérience faite au XIIe siècle à Constantinople, par un Sarrasin qui prétendit traverser l'hippodrome avec une longue robe dont les pans, retroussés avec des carcasses d'osier, devaient lui servir d'ailes.

Il s'élança courageusement du haut de la tour, se soutint quelque temps dans l'air, par le principe qui a fait trouver depuis les parachutes, mais tomba ensuite si lourdement qu'il se cassa les reins.

M. Cousin, qui cite ce fait dans son *Histoire de Constantinople*, dit que ce Sarrasin, qui passait d'abord pour un magicien, fut ensuite reconnu pour fou. Hélas ! c'est le sort de bien des inventeurs quand ils ne réussissent pas.

Plus tard, encouragé peut-être par les doctrines de Roger Bacon qui reconnaissait « qu'on pouvait faire des machines pour voler, dans lesquelles l'homme, assis ou suspendu au centre, tournerait quelque manivelle mettant en mouvement des ailes faites pour battre l'air » et qui avait même donné la description d'un appareil volant, — un bénédictin anglais, nommé Olivier Malmesbury, se fabriqua des ailes avec lesquelles il s'élança du haut d'une tour... et se brisa les jambes.

Cela se passait vers le milieu du XVe siècle; trente ans après, Jean-Baptiste Dante, savant mathématicien de Pérouse, recommença l'épreuve avec plus de bonheur, d'abord ; car, enhardi par les essais qu'il avait faits au-dessus du lac de Trasimène, il voulut donner à sa ville natale le spectacle d'une expérience publique.

Son départ fut heureux, il traversa la place d'un vol rapide, mais comme Icare, il voulut s'élever trop haut, sa machine se détraqua et il tomba sur le toit de l'église Saint-Maur, où il se cassa la cuisse.

Cet accident lui valut une chaire de mathématiques à Venise, mais ne fit pas faire un pas de plus à l'art de l'aviation, qui continuait à préoccuper les esprits.

Pendant quelque temps, les inventions furent purement platoniques. Ainsi Léonard de Vinci, construisit, assure-t-on, une machine à voler, mais n'essaya jamais de la mettre à exécution ; un jésuite de Brescia, le père François Lana, qui reprit la question en 1670, se contenta d'en faire un livre dans lequel il fit graver l'appareil qu'il avait imaginé.

Ce n'étaient plus des ailes, mais ce n'était pas encore un ballon et, à vrai dire, c'était impraticable.

Cela se composait d'une espèce de bateau muni d'un mât portant une voile, qui devait être enlevé et maintenu dans les airs par quatre grands glóbes de cuivre dans lesquels on aurait fait le vide.

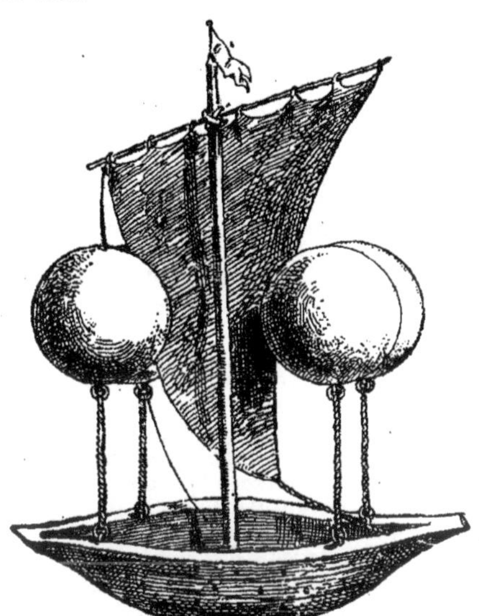

Bateau volant du jésuite Lana.

Le père Lana prétendait bien que ces globes, devenant alors plus légers que l'air, n'auraient aucune peine à entraîner le vaisseau, mais les moyens qu'il indiquait pour faire le vide sont tellement étrangers aux lois de la physique, qu'au point de vue de la science on peut considérer son système comme l'équivalent du *Voyage dans la lune* de Cyrano de Bergerac.

Plus chimérique encore fut l'invention du père Galien, invention qui, d'ailleurs, ne parut jamais que sur le papier, dans un petit livre imprimé à Avignon en 1755, et pourtant on eut le courage de prétendre que les frères Montgolfier avaient puisé dans cette rêverie le principe de leur découverte.

Qu'on en juge par cet aperçu :

Le père Galien, partant du principe que l'atmosphère est partagée en deux couches superposées, dont la première pèse 2 et la seconde 1, prétend se servir de la première comme point d'appui pour naviguer dans la seconde.

A cet effet, il construit, sur le papier toujours, un vaisseau gigantesque plus long et plus large que la ville d'Avignon et dont les flancs seraient assez élevés pour dépasser de 83 toises la région de la grêle ; sans cela, nous dit-il, ou gênerait les mouvements du navire, l'air plus pesant y pénétrerait et le bâtiment sombrerait.

Mais cela ne mérite pas examen ; laissons ce navire fantastique qui aurait pesé douze millions de quintaux (dix fois plus que l'arche de Noé, affirme le père Galien) et arrivons aux inventeurs sérieux et pratiques.

Le Portugal en produisit deux dont les historiens confondent les expériences à ce point qu'il est assez difficile de s'y reconnaître.

Cependant il paraît certain qu'en 1709, un moine de Rio de Janeiro, excellent physicien, nommé Laurent de Guzmao, fit avec succès une expérience publique d'aérostation, car on lit dans un manuscrit du savant Fereira, cité par Carvalho, membre de l'Académie des sciences de Lisbonne :

« Guzmao fit son expérience le 8 août 1709, dans la cour du palais des Indes devant Sa Majesté et une nombreuse et illustre assistance, avec un globe qui s'éleva doucement jusqu'à la hauteur de la salle des ambassades, puis descendit de même, Il avait été emporté par de certains matériaux qui brûlaient et auxquels l'inventeur lui-même avait mis le feu. »

Évidemment il s'agissait d'une sorte de ballon gonflé par l'air chaud, mais on ne possède aucun détail sur l'appareil de Guzmao, parce qu'on l'a confondu avec un autre beaucoup plus problématique, qui n'a peut-être jamais été expérimenté, mais dont le dessin a été gravé, et se trouve à notre Bibliothèque nationale.

Daniel Bourgois, dans son *Essai sur l'art de voler* (1754), dit pourtant que c'était une espèce de panier d'osier recouvert de papier, sa forme était oblongue et son diamètre pouvait être de sept à huit pieds.

Du reste, Guzmao ne renouvela pas son expérience, l'inquisition ne lui en donna pas le temps, considérant comme

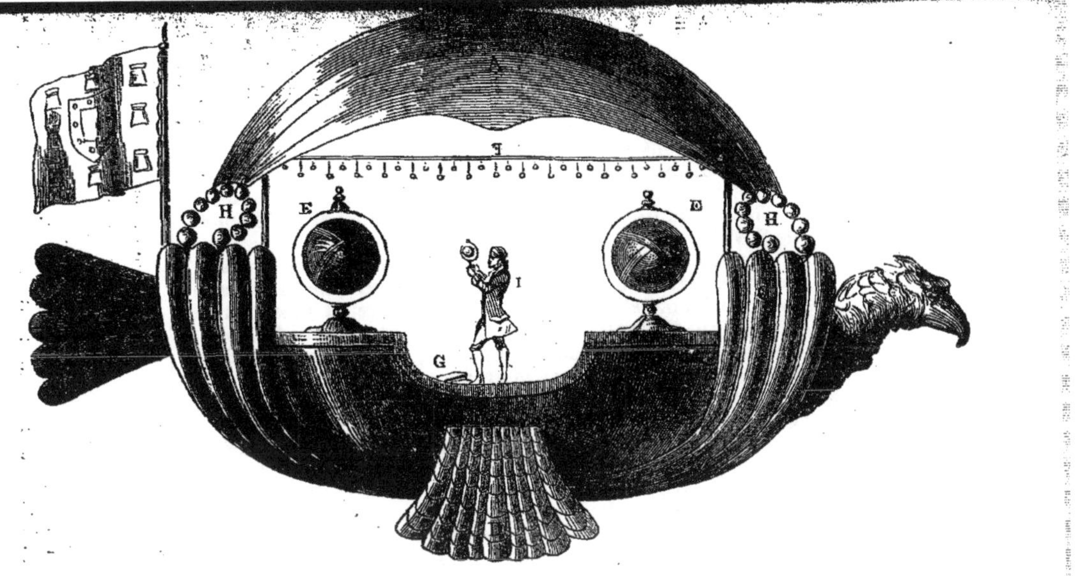

Le bateau volant du père Bartholomeo Laurenço.

un sorcier, l'habile physicien que ses compatriotes appelaient déjà l'*avoador* (l'homme volant); elle le fit arrêter et plonger dans un *in pace*, d'où il aurait certainement monté au bûcher sans l'intervation expresse du roi.

Comprenant alors l'inconvénient d'être savant trop tôt, Guzmao abandonna ses espérances sur la conquête de l'air et s'occupa de construction navale jusqu'en 1724, époque à laquelle il quitta le Portugal pour aller mourir à l'hôpital de Séville.

En 1736, apparut, toujours en Portugal, le vaisseau volant du père Bartholomeo Laurenço, connu par une expérience peu concluante et dont il reste peu de traces, et aussi par la requête que l'inventeur adressa au roi, pour obtenir le monopole de la fabrication de ses appareils, requête appuyée d'un dessin qui se multipla par la gravure.

Nous reproduisons ce dessin page 7 et voici ses légendes qui nous tiendront lieu d'explication.

A voilure pour soutenir la barque; B, gouvernail; CC, soufflet pour suppléer au défaut du vent; D, ailes pour maintenir la machine; EE, aimant renfermé dans deux globes de métal attirant le corps de la barque doublée de lames de fer; F, impériale en fil d'archal, à laquelle quantité de morceaux d'ambre sont suspendus pour attirer une natte de paille de seigle qui tapisse l'intérieur de la barque; G, boussole; HH, poulies pour larguer l'écoute du côté du vent; I, espace pour dix voyageurs et le pilote inventeur qui dirige la manœuvre.

Cette description est sommaire mais elle est suffisante pour faire comprendre que si la machine était originale d'aspect, elle était absolument impraticable.

Cependant la question était loin d'être abandonnée, et la découverte par Robert Boyle de l'hydrogène, dont Cavendish prouva, en 1766, que la pesanteur spécifique était quatorze fois moindre que celle de l'air, porta les expériences dans le champ de la science.

C'est ainsi que le docteur Blak d'Edimbourg et, après lui, Tibère Cavallo imaginèrent en petit les ballons, soit avec des vessies gonflées d'hydrogène, qu'on appelait alors l'air inflammable, soit avec des bulles de savon.

Mais c'étaient là des essais à huis clos, et il devait y avoir encore nombre d'expériences publiques, à l'aide de moyens plus ou moins pratiques, avant que l'aérostat fût inventé.

En 1768, un menuisier du Maine, nommé le Besnier, exhiba à Paris une machine à voler qui produisit une certaine sensation. L'inventeur ne prétendait pas absolument s'élever dans les airs, mais il affirmait que, partant avec son appareil d'un endroit suffisamment élevé, on pouvait exécuter un vol d'une certaine durée et traverser facilement des bois ou des rivières.

Machine à voler de Besnier.

Il fit, d'ailleurs, des expériences qui réussirent assez pour que le *Journal des Savants* fît ainsi l'analyse de sa machine, dans son numéro du 13 septembre 1768 :

« Ces ailes sont chacune composées d'un châssis oblong de taffetas, attachées à chaque bout sur deux bâtons que l'on ajustait sur les épaules. Ces châssis se pliaient du haut en bas comme des battants de volets brisés. Ceux de devant étaient remués par les mains, et ceux de derrière par les pieds, en tirant une ficelle qui leur était attachée.

« L'ordre du mouvement était tel, que, quand la main droite faisait baisser l'aile droite de devant, le pied gauche faisait remuer l'aile gauche de derrière, ensuite la main gauche et le pied droit faisaient baisser l'aile gauche de devant et la droite de derrière.

« Ce mouvement en diagonale paraissait très bien imaginé, parce que c'est celui qui est naturel aux quadrupèdes et aux hommes quand ils marchent, ou lorsqu'ils nagent.

« On trouvait, néanmoins, qu'il manquait deux choses à cette machine pour la rendre d'un plus grand usage; la première, qu'il faudrait y ajouter une grande pièce très légère, qui, étant appliquée à quelque partie choisie du corps, pût contrebalancer dans l'air le poids de l'homme; la seconde, que l'on y ajoutât une queue qui servît à soutenir et à conduire celui qui volerait; mais on trouvait bien de la difficulté à donner le mouvement et la direction à cette espèce de gouvernail, après les expériences qui avaient été inutilement faites autrefois par plusieurs personnes. »

Bref, ce n'était qu'un succès d'estime, mais il encouragea les novateurs encore inédits, notamment le marquis de Bacqueville, qui, muni d'énormes ailes, entreprit de traverser la Seine en partant du balcon de son hôtel, situé au coin de la rue des Saints-Pères.

D'abord il se soutint dans l'air avec assez de régularité, mais soit fatigue, soit mauvaise disposition de sa machine, arrivé au milieu de la Seine ses mouvements devinrent incertains et il tomba sur un bateau de blanchisseuse, où il se cassa la cuisse.

L'invention de Desforges, chanoine d'Étampes, fit plus de bruit, parce qu'elle donna naissance à un vaudeville de Cailhava (le *Cabriolet volant*), mais elle ne produisit aucun résultat.

L'abbé Desforges avait fait annoncer partout, en 1772, qu'il expérimenterait, à jour dit une voiture volante de son invention, les curieux coururent en foule à Étampes, mais ils n'en eurent pas pour leur argent, car si la machine, placée sur le haut de la tour de Guitel, évolua quelques instants, ce fut pour tomber sur le sol, sans accident du reste; la descente ayant été amortie par le mouvement de quatre grandes ailes faisant parachute.

Cette voiture devait pourtant, d'après le prospectus de l'inventeur, faire trente lieues à l'heure et ni la pluie ni les vents, ni l'orage ne devaient l'arrêter.

Sa forme était celle d'un bateau de sept pieds de long, sur trois et demi de large, muni seulement, comme système d'aviation, de quatre ailes à charnières.

Ce qu'il y avait de plus intelligent dans cette machine, c'est qu'elle ne pesait que 48 livres, ce qui avec le conducteur faisait un poids de deux cents livres à manœuvrer; mais c'était trop encore; la machine tombée sur la place d'Étampes, ne se releva pas.

Aussi le *Cabriolet volant* eut un succès fou à la Comédie française.

Vint après le tour de Blanchard. Blanchard, qui devait

devenir célèbre comme aéronaute, avait inventé un bateau volant, qu'il exposait dès 1780, à la curiosité des Parisiens, dans un hôtel de la rue Taranne, appartenant à l'abbé Viennay.

Vaisseau volant de Blanchard.

C'était une sorte de caisse matelassée, en forme de nacelle, munie de quatre ailes de 10 pieds de long sur 6 de large, qu'il espérait faire mouvoir à l'aide de leviers.

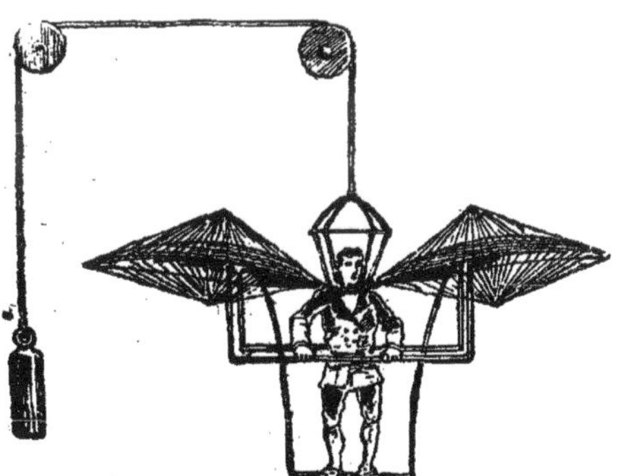

Machine à voler de Blanchard.

Le dessin que nous en offrons, d'après une gravure du temps, donne une idée suffisante de cette machine qui ne fut jamais expérimentée. Blanchard aima mieux en inventer une autre, plus simple et qui paraissait pratique au premier abord, parce que, grâce à elle, l'inventeur s'élevait à une hauteur de 80 pieds, mais comme c'était à l'aide d'un contre poids qui glissait le long d'un mât, la question n'était pas résolue et ne pouvait pas l'être avec cet appareil.

Blanchard le reconnut lui-même, et devint l'un des plus fervents adeptes de l'aérostation, qu'allaient enfin découvrir les frères Montgolfier.

LES PREMIERS BALLONS

Les frères Montgolfier, Etienne et Joseph, étaient des fabricants de papier d'Annonay, déjà connus par l'invention du bélier hydraulique, quand ils s'occupèrent de la solution du grand problème de l'aérostation.

D'abord, ils essayèrent de gonfler différentes enveloppes de papier au moyen de l'hydrogène, mais le papier dont ils se servaient était perméable au gaz, qu'il laissait échapper, de sorte que leurs globes, un moment soulevés dans l'air, ne tardaient pas à redescendre.

Après de nombreux tâtonnements à la recherche infructueuse, du reste, d'un gaz pourvu de certaines propriétés électriques qu'ils croyaient indispensables au succès, ils en vinrent à penser que la fumée s'élevant naturellement dans l'air, un récipient léger, gonflé de fumée, devait aussi s'y soutenir.

Telle fut l'origine de l'invention des ballons à l'air chaud.

Etienne Montgolfier, se trouvant à Avignon, en novembre 1782, construisit en soie fine un petit parallélépipède capable de contenir seulement deux mètres cubes, il le gonfla d'air chaud en brûlant du papier dessous, et s'il ne s'écria pas *Eureka* quand il le vit s'élever rapidement jusqu'au plafond de la chambre, où il avait fait son expérience, c'est ce qu'il était d'un naturel très modeste.

Il revint à Annonay, communiquer le résultat de son essai à son frère, et tous les deux contruisirent alors un ballon pouvant contenir vingt mètres cubes, et dont l'ascension fut si rapide que la machine brisa les cordes qui la retenaient au sol pour s'élancer dans l'espace.

Assurés du succès, les inventeurs annoncèrent une expérience publique qui eut lieu à Annonay, le 5 juin 1783, sous

les yeux de la ville entière, et en présence des membres des
Etats du Vivarais qui y assistèrent officiellement et en corps.

Voici comment Etienne Montgolfier rend compte lui-même
de cette ascension mémorable :

Le premier ballon.

« La machine aérostatique donc l'expérience fut faite devant
Messieurs des Etats particuliers du Vivarais, le jeudi
5 juin 1783, était construite en toile doublée de papier, cousue
sur un réseau de ficelles, fixé aux toiles. Elle était à peu près
de forme sphérique et sa circonférence était de cent dix pieds ;

un châssis en bois de seize pieds en carré, la tenait fixée par
le bas. Sa capacité était d'environ 22,000 pieds cubes ; elle
déplaçait donc, en supposant le pesanteur de l'air comme un
huit centième de la pesanteur de l'eau, une masse d'air de
190 livres.

« La pesanteur du gaz était à peu près moitié de celle de
l'air, car il pesait 990 livres et la machine avec le châssis en
pesait 500. Il restait donc 490 livres de rupture d'équilibre ;
ce qui s'est trouvé conforme à l'expérience.

« Les différentes pièces de la machine étaient assemblées
par de simples boutonnières arrêtées par des boutons. Deux
hommes suffisaient pour la monter et la remplir de gaz ; mais,
pour la retenir, il fallut huit personnes, qui ne l'abandonnèrent
qu'au signal donné.

« Elle s'éleva par un mouvement accéléré, moins rapide
sur la fin de l'ascension, jusqu'à la hauteur d'environ mille
toises.

« Un vent, à peine sensible vers la surface de la terre, la
porta à douze cents toises de distance du point de son départ ;
elle resta dix minutes en l'air : la déperdition du gaz par les
boutonnières, par les trous d'aiguilles et autres imperfections
de la machine ne lui permit pas d'y rester davantage.

« Le vent, au moment de l'expérience était au midi et il
pleuvait ; la machine descendit si légèrement qu'elle ne brisa ni
les ceps, ni les échalas de la vigne sur laquelle elle se reposa. »

Malgré la modestie des inventeurs qu'on retrouve tout
entière dans cette note, véritable procès-verbal qui ne contient
pas une phrase inutile, pas un mot d'enthousiasme, bien permis
pourtant en pareil cas ; la nouvelle de l'expérience d'Annonay
produisit un effet immense à Paris, où l'on s'en exagérait la
portée.

Ce fut un engouement, on ne parlait plus que de cela, et
bien qu'on fût certain que les frères Montgolfier avaient été
appelés dans la capitale pour répéter leur expérience aux frais
de l'Académie des sciences, on n'eut pas la patience de les
attendre.

Faujas de Saint-Fond, professeur au Jardin des Plantes,
ouvrit une souscription qui atteignit dix mille francs en quelques jours.

Sûr de cet argent, il alla trouver les frères Robert, cons-
tructeurs d'instruments de physique et leur commanda un
ballon.

Malgré leur habileté reconnue, malgré le compte rendu

des frères **Montgolfier**, contenant les détails au moyen desquels
on pouvait parfaitement se passer d'eux, les Robert n'osèrent
entreprendre la construction de la machine sans s'associer
Charles, un jeune professeur de physique qui jouissait alors
d'une réputation justement méritée.

Charles ne s'arrêta pas à chercher quel pouvait être le
gaz dont les Mongolfier s'étaient servis (il n'en est rien dit
dans leur note). Sachant que le gaz hydrogène est le plus
léger de tous, il prépara les moyens d'en fournir pendant
qu'on fabriquait le ballon.

Le moyen qu'il trouva est des plus rudimentaires, il
consistait à mettre de la limaille de fer dans un tonneau à
moitié rempli d'eau.

Ce tonneau, placé debout, était percé à son fond supérieur de deux trous ; par le premier, fermé par un bouchon,
on introduisait successivement et par petites quantités l'acide
sulfurique qui devait déterminer la production du gaz en
réagissant sur le fer ; et par l'autre un tube de cuir condui-
sait le gaz dans l'intérieur du ballon.

Aussi fallut-il quatre jours pour gonfler l'appareil, en dé-
pensant mille livres de limaille de fer et cinq cents d'acide sulfurique, ce qui serait énorme s'il n'y avait pas eu des déper-
ditions considérables ; car le ballon à peu près sphérique,
construit en taffetas enduit de gomme élastique, n'avait que
douze pieds de diamètre ; mais tout fut prêt le 20 août au soir
et l'ascension fut annoncée pour le lendemain, au Champ-
de Mars, où plus de trois cent mille personnes s'étaient ren-
dues.

Le résultat fut magnifique ; délivré de ses liens à cinq
heures du soir, le ballon s'enleva avec une telle rapidité qu'il
disparut en moins de dix minutes au milieu d'un nuage
obscur, situé à plus de cinq cents mètres de hauteur, mais
la curiosité des Parisiens fut pleinement satisfaite, car il
sortit de ce nuage et reparut assez longtemps à l'horizon
avant de se perdre dans l'espace.

L'enthousiasme fut immense, mais assez vite tempéré,
d'une part par les raisonnements des sceptiques qui rédui-
saient l'invention à sa portée exacte ; de l'autre par le sort final
de l'aérostat qui, trop rempli de gaz, avait éclaté en l'air
avant d'aller tomber à Gonesse où des paysans, effrayés
de son apparition, avaient achevé de le mettre en pièces.

Et enfin, et surtout par la polémique violente, qui, à
l'occasion de cette perte de l'aérostat, s'engagea dans les

journaux entre Faujas au nom des souscripteurs, et les physiciens qu'il avait employés, polémique qui s'envenima d'autant plus que Faujas ne pouvait pardonner à Charles d'avoir refusé l'entrée de l'enceinte réservée à Etienne Mongolfier,

Destruction du premier ballon de Charles.

qui venait d'arriver à Paris pour surveiller la construction d'un nouvel aérostat, car son ballon d'Annonay, mal emballé sans doute, ou maltraité par les chemins, n'avait pu supporter le voyage.

Le 19 septembre, conformément au désir de l'Académie des sciences, il renouvelait son expérience à Versailles en présence du roi, de la cour et d'une nombreuse assistance, moins prompte à s'émerveiller que celle du Champ de Mars, mais dont l'approbation avait plus de poids.

Son ballon, sphère presque parfaite de quatorze mètres de diamètre, était construit avec une toile de coton grossière, mais solide, le tissu disparaissait, d'ailleurs, sous la peinture en détrempe qui le couvrait et lui donnait l'apparence d'une tente bleue, richement décorée avec des ornements d'or.

Quatre-vingts livres de paille et cinq livres de laine brûlées sous son orifice suffirent à le gonfler et il s'éleva majestueusement dans les airs, enlevant, ce qui l'était infiniment moins, une cage, renfermant un coq, un canard et un mouton; premiers habitants terrestres qui allaient prendre possession de l'air.

Pilâtre des Roziers, grand admirateur de Montgolfier et passionné pour l'aérostation, protesta énergiquement contre le départ de ces trois animaux et s'offrit à prendre leur place; mais Montgolfier qui n'était pas assez sûr de sa machine pour lui confier la vie d'un homme, s'y refusa, promettant si l'expérience réussissait au gré de ses désirs, de construire immédiatement après un ballon capable d'enlever des voyageurs.

L'ascension ne satisfit pas complètement l'inventeur, car son aérostat, déchiré par un coup de vent au moment du départ, ne resta que dix minutes en l'air et descendit dans le bois de Vaucresson, à 4,700 mètres du château de Versailles; cependant il tint parole à Pilâtre des Roziers.

Le nouveau ballon, construit chez M. Réveillon, fabricant de papiers peints du faubourg Saint-Antoine, avait 15 mètres de diamètre sur 23 mètres de hauteur, pour donner un espace commode aux observateurs qu'il devait emporter au sein de l'atmosphère, on disposa autour de son orifice une galerie circulaire d'un mètre de large, protégée par une balustrade qui permettait de tourner, sans danger, autour du ballon tout en laissant son orifice libre pour y suspendre, au moyen de chaînes, le réchaud de fil de fer portant les matières inflammables dont la combustion devait être constante, pour que l'air chaud dont on gonflerait l'aérostat au départ ne se refroidît pas.

A cet effet, la galerie était assez vaste pour qu'on pût y emmagasiner une provision de paille suffisante pour que les aéronautes pussent à volonté augmenter la force ascensionnelle en activant le feu.

C'était une grande amélioration, sans laquelle, du reste, l'ascension à voyageurs était impossible.

Le 15 octobre, Pilâtre des Roziers essaya l'appareil par une ascension captive.

Le 17 et le 19, l'expérience fut renouvelée avec trois voyageurs : Pilâtre des Roziers, le marquis d'Arlandes et M. Géraut de Villette qui s'élevèrent à 200 pieds de hauteur, c'est-à-dire à toute la longueur du câble de retenue.

Ascension de Pilâtre des Roziers et du marquis d'Arlandes, à la Muette.

Ces expériences excitèrent à tel point la curiosité du public que les jardins de M. Réveillon étaient envahis et que la circulation était à peu près impossible dans le faubourg Saint-Antoine et sur les boulevard, jusqu'à la porte Saint-Martin. Tout le monde voulait voir le nouveau ballon qu'on désignait sous le nom *montgolfière*, par opposition au ballon de Charles et Robert que l'on appelait *aréostate*, au féminin.

Cet empressement fit craindre des embarras et même des dangers, pour le jour de l'expérience publique et on la fit, sans l'annoncer, le 21 novembre, dans les jardins du château de la Muette, que le Dauphin avait mis à la disposition de Montgolfier, ce qui n'empêcha pas un immense concours de curieux au bois de Boulogne, dans les avenues qui y conduisaient, sans compter ceux qui, mieux avisés, étaient montés sur les tours Notre-Dame, et les sommets accessibles des autres monuments de Paris.

La montgolfière, curieusement décorée des signes du zodiaque, de riches draperies et de médaillons encadrant le double L, chiffre du roi, s'enleva rapidement à une heure de l'après-midi, emportant, sur sa galerie, Pilâtre des Roziers et le marquis d'Arlandes, enthousiasmés plus encore que la foule, qui était partagée entre la crainte et l'admiration, et qui assista d'autant mieux à ce spectacle encore nouveau pour elle, que le ballon traversa presque tout Paris pour aller atterrir sur la Butte-aux-Cailles.

L'ascension se termina sans accidents et bien que les voyageurs, par une fausse manœuvre, se fussent vus ensevelis sous les flots d'étoffe du ballon dégonflé, Pilâtre n'y perdit que sa redingote qu'il avait laissée dans la nacelle et qui fut partagée en morceaux, par l'enthousiasme des spectateurs.

Cependant, le physicien Charles ne restait pas inactif; lui, aussi, il rêvait une ascension personnelle et il avait ouvert une souscription pour en couvrir les frais; il possédait déjà les fonds nécessaires, quand le succès de la montgolfière vint le stimuler encore.

Cette fois, il inventa un appareil pour la préparation en grand de l'hydrogène.

Il inventa, d'ailleurs, d'un seul jet à peu près tout ce qui constitue le ballon, tel qu'on le fabrique aujourd'hui : la nacelle destinée à porter les voyageurs; le filet qui soutient cette nacelle; la soupape qui permet au gaz de s'échapper, et de déterminer la descente graduelle; le lest qui donne à l'aéronaute le pouvoir de régler son ascension et surtout de modérer sa chute; tout, enfin, jusqu'à l'enduit de caoutchouc qui donne l'imperméabilité au tissu, jusqu'à l'usage du baromètre dont la dépression indique mathématiquement la hauteur atteinte dans l'atmosphère.

En un mot, il créa tout d'un coup l'art de l'aérostation, et,

Ascension de Charles et Robert, 1er décembre 1783.

à ce titre, il mérite une part de la gloire des Montgolfier qui n'inventèrent que l'aérostat.

Le 1er décembre 1783, tout Paris était dans le jardin des Tuileries pour assister au départ de Charles et de Robert.

Le ballon qui devait les emporter était une sphère de soie à bandes rouges et jaunes de neuf mètres de diamètre, la nacelle en forme dé char antique était peinte en bleu et or.

Ils y montèrent à une heure et demie et après le « lâchez tout » sacramentel, ils s'élancèrent dans l'espace qu'ils sillonnèrent dans la direction d'Asnières, Argenteuil, Sannois, Franconville, pour aller tomber à Nesles, où ils attérirent vers 4 heures au milieu d'un groupe de cavaliers, qui les suivaient depuis le départ, et parmi lesquels étaient le duc de Chartres et le duc de Fitz James.

Robert descendit, mais Charles voulut profiter d'un reste de jour pour faire une nouvelle ascension, il repartit seul, avec une rapidité si vertigineuse qu'il se promit *in petto* de ne plus s'exposer à d'aussi périlleuses expéditions.

Et, de fait, il ne remonta jamais en ballon, malgré le succès de cette ascension mémorable, qui eut autant, sinon plus de retentissement, que celle de Pilâtre des Roziers, bien qu'elle se produisit après.

De ce jour, les caricatures, les chansons, les vaudevilles, qui avaient accueilli les premiers essais d'aérostation cessèrent presque complètement ; on comprenait que si la conquête de l'air n'était pas encore faite, l'art qui devait y mener était né viable et l'opinion publique l'accueillait avec une faveur trop marquée pour que les rivalités de systèmes ne s'éteignissent pas.

Il y eut, à la vérité, deux sortes de ballons en présence, les montgolfières et les aérostats, mais le champ de l'atmosphère était assez vaste pour qu'ils se le partageassent sans plus songer à se le disputer. Les noms de Montgolfier, de Pilâtre des Roziers et de Charles furent associés dans une célébrité commune, qui leur donna bientôt de nombreux imitateurs.

Alors, les ascensions se multiplièrent tellement qu'il serait sans intérêt de les signaler toutes.

Notre intention, d'ailleurs, n'est point de faire ici l'histoire des voyages aériens nous ne voulons parler que de ceux qui ont réalisé ou tout au moins tenté de réaliser un semblant de progrès : ce que nous ferons [1] lorsque nous aurons dit un

1. Voir le volume suivant.

mot de la construction du ballon ordinaire et de ces accessoires.

La construction de l'aérostat (ballon à gaz) est beaucoup
plus coûteuse que celle de la montgolfière.

Ainsi, tandis que le ballon à air chaud peut être simple-
ment d'étoffe grossière, d'un canevas quelconque, doublé d'un
papier suffisant à empêcher la déperdition de l'air chaud, il
faut que l'aérostat pour retenir le gaz, infiniment plus subtil,
ait une enveloppe aussi imperméable que possible.

C'est la soie qui remplit la plus convenablement cet office,
mais comme la soie est très chère, on se sert, surtout pour
les ballons qui ne sont destinés ni aux ascensions dans les
régions élevées, ni aux ascensions de longue durée, d'un tissu
de toile ou même de coton, qui, lorsqu'il est verni, offre une
imperméabilité satisfaisante ; la percaline, employée à la construction des ballons-poste du siège de Paris, a donné de très
bons résultats.

Dans l'un ou l'autre cas, l'enveloppe est fabriquée par le
même procédé.

Elle se compose de l'assemblage d'un certain nombre de
bandes d'étoffe qu'on appelle *fuseaux* dont on détermine le
modèle au moyen de la géométrie la plus élémentaire.

Ces fuseaux doivent être cousus très solidement ; avant
l'invention de la machine à coudre ce travail, d'ailleurs exces-
sivement long, était toujours défectueux et certains aéronautes
prétendent qu'un ballon cousu à la main laisserait (s'il n'était
pas verni au préalable) échapper le gaz avec une telle rapidité
qu'il serait à peu près impossible de le gonfler.

La couture à la mécanique ne présente pas cet inconvénient, ce qui n'empêche pas de vernir les aérostats. Il est vrai
que l'opération du vernissage est maintenant bien simplifiée,
puisque l'on se contente d'appliquer sur la partie extérieure
du ballon, une couche d'huile de lin que l'on a rendue sicca-
tive en la faisant bouillir avec de la litharge.

Ce vernis s'emploie généralement à chaud, et on l'étend
sur la surface de l'aérostat à l'aide d'une brosse douce ou de
tampons de laine. Autrefois l'étoffe était enduite des deux
côtés, ce qui obligeait à faire l'opération avant l'assemblage
des fuseaux.

Le premier vernis employé par Charles, et adopté ensuite
par la plupart des aéronautes était composé de caoutchouc
dissous dans l'essence de térébenthine ; on mélangea plus
tard cette dissolution par parties égales avec de l'huile de lin.

Du reste, tous les vernis sont bons pourvu qu'ils assurent autant que possible, l'imperméabilité à l'aérostat, et, à ce titre, le meilleur est encore à trouver, surtout à l'égard de l'hydrogène pur qui possède, en raison de sa légèreté, une telle diffusibilité qu'il n'existe presque pas de récipients dans lesquels on puisse le conserver sans déperdition ; il passe même à travers les pores du caoutchouc qui est pourtant imperméable à la plupart des gaz.

Aussi, lorsqu'on a voulu faire des ballons de grande puissance ascensionnelle, ce n'est ni en taffetas de Lyon, ni en soie cuite, ni même en satin croisé qu'on a confectionné leurs enveloppes, mais bien avec un tissu spécial qu'on appelle le *makintosh* et qui est composé d'une feuille de caoutchouc collée au laminoir entre deux feuilles de taffetas ou de toile.

M. Giffard a encore perfectionné cette composition pour ses ballons captifs.

L'aérostat assemblé, verni, n'est pas terminé, il faut le munir d'une soupape au sommet, et d'un appendice à la base.

La soupape a pour objet de laisser échapper du gaz, au gré de l'aéronaute, lorsqu'il veut modérer son ascension ou opérer sa descente.

Elle se compose assez rudimentairement de deux clapets que des tiges de caoutchouc retiennent fermés et qui s'ouvrent de l'extérieur à l'intérieur à l'aide d'une corde que l'on tire de la nacelle, et qui, pendant à l'intérieur du ballon, en sort par l'orifice béant, qu'on appelle l'appendice.

Cet organe, qui n'a bénéficié d'aucun perfectionnement depuis que Charles l'a inventé, est en somme assez grossier et ne tient pas hermétiquement fermé l'orifice supérieur du ballon. Aussi pour remédier à cet inconvénient est-on obligé de luter les joints avec une pâte composé de suif fondu et de farine de graine de lin, que l'on appelle *cataplasme*.

Quant à l'orifice inférieur, formé par le prolongement des fuseaux assemblés que l'on nomme l'*appendice*, il sert à introduire le tuyau de gonflement et reste toujours ouvert pendant l'ascension, de façon à permettre au gaz qui se dilate au fur et à mesure du refroidissement de l'atmosphère, de trouver une issue.

Précaution indispensable, car, sans elle, arrivé à une certaine hauteur, le ballon éclaterait infailliblement par la force d'expansion du gaz, malgré ou plutôt à cause des mailles du filet qui augmentent sa résistance.

Ce filet, qui recouvre tout le ballon et qui a pour objets principaux de permettre de maintenir le ballon pendant l'opération du gonflement et de soutenir la nacelle qui portera les voyageurs — est fixé au cadre de la soupape par une couronne formée d'un triple câble.

Nacelle et son équipage.

Il doit être construit très solidement en corde de pur chanvre, dont les mailles assez ressérrées au point de départ, vont en s'élargissant progressivement jusqu'au plus grand diamètre du ballon, qu'on appelle l'équateur et qui dans les anciens aérostats était quelquefois figuré par une zone de couleur différente.

Jusque-là, le filet embrasse exactement toute la surface

du ballon, ce qui lui permet d'augmenter la consistance de l'enveloppe, précisément dans les points où elle supporte la plus grande pression du gaz.

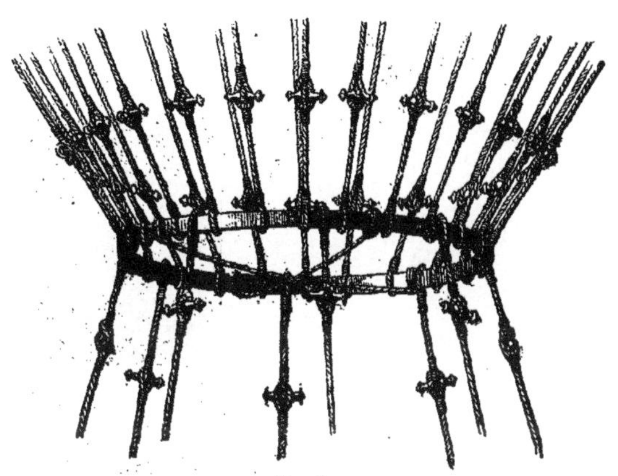

Cercle.

Passé l'équateur, le filet se continue sans toucher l'enveloppe et les trente-deux cordes qui le composent, terminées par des boucles destinées à recevoir autant d'espèces d'olives de bois qu'on appelle des *gabillots*, tiennent, au moyen de ces gabillots, au cercle qui soutiendra la nacelle.

Ce cercle, généralement en bois, est une des pièces les plus essentielles de l'aérostat, car, outre qu'il permet de répartir sur tous les points du ballon la traction exercée par la nacelle, il sert de point d'attache à l'ancre et à tous les agrès et accessoires nécessaires pour l'ascension et la descente.

La nacelle y est fixée au moyen de huit cordes munies de *gabillots* et dont le point de départ est tressé avec l'osier même dont elle est formée.

Maintes fois on a essayé de remplacer l'osier par une autre substance permettant des formes plus élégantes, mais on y est toujours revenu à cause de sa légèreté et surtout de sa flexibilité, qui lui permet de recevoir presque impunément et sans blesser les voyageurs, les chocs auxquels elles est, de sa nature, exposée par les traînages de la descente.

Ancre de ballon.

C'est donc une sorte de panier dont la grandeur est proportionnée au nombre de voyageurs qu'elle doit contenir, mais invariablement meublé de deux banquettes offrant des sièges commodes aux aéronautes et en dessous des magasins pour les instruments, les couvertures, les vivres et autres objets dont ils jugent prudent de se munir.

LES AGRÈS

Parmi les choses indispensables à l'armement d'un aérostat et que nous appellerons les agrès, il faut d'abord compter l'ancre et le lest, deux antipodes qui sont également utiles à l'aéronaute.

L'ancre, dont l'usage s'explique de lui-même, ne ressemble que superficiellement aux ancres de marine; outre qu'elles sont infiniment plus légères, puisqu'elles n'ont point à agir par leur propre poids, mais seulement par la force qu'elles empruntent au contact d'un objet résistant, leurs pattes sont

infiniment plus évasées pour mieux mordre dans les champs
et s'accrocher plus facilement après les haies ou au pied d'un
arbre.

On se sert aussi, et même plus efficacement d'un grappin
à six branches, fait à peu près comme ces instruments destinés à repêcher les seaux tombés dans les puits.

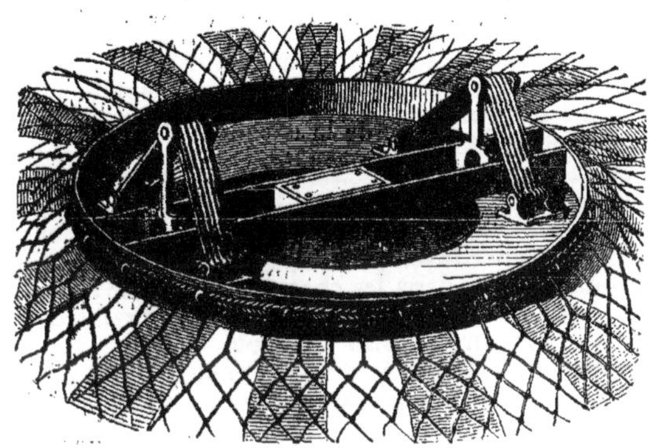

Soupape.

Avec six branches, il y a, en effet, beaucoup plus de
chances de trouver un point d'appui qu'avec deux.

Ancre ou grappin sont accrochés extérieurement à la
nacelle, et la corde qui les soutient, assez longue pour qu'on
puisse les jeter d'une hauteur raisonnable, est fixée au cercle
et enroulée de façon à ce que le poids de l'ancre la déroule
d'elle-même une fois qu'elle est abandonnée dans l'espace.

L'ancre n'est pas d'ailleurs le seul organe d'arrêt des
aérostats; on tire pour l'atterrissage, d'utiles services du *guide-
rope*, inventé par l'aéronaute anglais Green.

Comme son nom (anglais) l'indique, c'est tout bonnement
un câble attaché au cercle de la nacelle et qui pend dans
l'espace, sans utilité apparente, tant que dure l'ascension,
mais quand arrive la descente, c'est un guide précieux.

D'abord, sachant qu'il a cent cinquante mètres de long,

on est prévenu quand on le voit toucher terre, qu'on n'est plus qu'à cette distance du sol, et qu'il est temps de préparer son ancre.

Service considérable, car quelque expérimenté que soit un aéronaute, il lui est très difficile, au moment où son ballon descend, d'apprécier exactement les distances.

En outre, le guide-rope peut, en certains cas, tenir lieu de l'ancre elle-même, il suffit, pour cela, de lui donner la forme aplatie d'une sangle, et de le hérisser, de distance en distance, de touffes de crin, dont le frottement sur le sol, produit une résistance considérable qui s'accentue encore au fur et à mesure que le ballon baisse, au point d'amortir presque complètement le choc de la nacelle.

Sans compter que cette sangle, courant sur la terre à la remorque du ballon peut très bien s'accrocher après un obstacle, s'enrouler autour d'un poteau, d'un arbre, et y tenir assez pour donner le temps aux paysans, dont il y a toujours un certain nombre dans les champs, d'accourir à l'aide d'un aéronaute en détresse, et si le guide-rope s'est remis à traîner, de le saisir et d'arrêter ainsi le ballon.

Comme on le voit, c'est une véritable ancre de miséricorde; aussi le guide-rope est-il considéré maintenant comme une nécessité.

Il y a aussi le *cone-ancre*, inventé par Sivel, pour permettre aux aéronautes de se maintenir en place, quand ils sont emportés au-dessus de la mer, c'est un sac de toile imperméable qui, une fois jeté à la mer, s'emplit d'eau et offre assez de résistance pour que l'aéronaute, en danger, puisse attendre les secours qui ne manqueront pas de lui arriver de la côte.

Non moins indispensable est le lest, car au fur et à mesure qu'un ballon s'élève, il tend à se mettre en équilibre avec les couches d'air dans lesquelles il arrive et, pour cela, il perd constamment de notables quantités de gaz, par son appendice resté ouvert; de plus, s'il n'est pas absolument imperméable, comme cela arrive souvent, il se refroidit graduellement et perd, peu à peu, une partie de sa force accensionnelle, si bien qu'à un moment donné l'équilibre lui manquerait et qu'il retomberait à terre.

C'est pour obvier à cet inconvénient que le physicien Charles a inventé le lest, c'est-à-dire une certaine quantité de sable fin, dont on allège la nacelle, au fur et à mesure que la force ascensionnelle du ballon diminue, ce qui rétablit exactement l'équilibre.

Pour que ce lest soit plus maniable et surtout mieux porportionné aux effets progressifs qu'on en attend, on l'emmagasine dans des sacs de quinze à vingt kilogrammes chacun, qui sont fixés avec des tenons en forme d'S, au cercle de l'aérostat.

Le sable, trouvé du premier coup, lors de tâtonnements de l'art aéronautique, est encore le meilleur lest qu'on puisse imaginer, malgré la cendre de plomb, inventée depuis par M. Giffard.

D'abord, il est pesant relativement à son volume ; ensuite, quand on le jette par-dessus bord, il forme un nuage floconneux qui ne tombe à terre que lentement et sous la forme d'une pluie sèche incapable de blesser quelqu'un, ni même de causer le moindre dégât sur les cultures les plus délicates.

Arrivons maintenant aux instruments, car si, comme on le dit familièrement, un marin ne s'embarque jamais sans biscuit, un aéronaute ne doit pas essayer d'explorer l'atmosphère sans être pourvu des instruments nécessaires à le guider, en précisant les altitudes et les températures des points qu'il atteint successivement.

Pour cela, il se munit d'abord d'un baromètre, qui compte mathématiquement les hauteurs obtenues, et cela, par cette loi de la physique qui veut que le mercure du baromètre ordinaire baisse d'autant plus qu'on s'élève davantage.

Donc, si l'on a pris soin, ce qui est élementaire, de noter la pression atmosphérique au moment du départ, on pourra, à chaque instant, par un calcul très simple, constater l'altitude atteinte.

Ce calcul n'est même plus indispensable, car il a été fait, une fois pour toutes, par le baromètre métallique de l'ingénieur Richard, compensé pour les hauteurs de six mille mètres, infiniment plus portatif que le baromètre à colonne de mercure, et tellement sensible qu'en le tenant à la main pour monter seulement un ou deux étages on verrait son aiguille traduire en chiffres, sur le cadran, la hauteur de l'escalier.

Inutile de dire qu'il est adopté par tous les aéronautes.

Avec un thermomètre à mercure, indispensable pour lui indiquer les températures, le navigateur aérien doit emporter un psychromètre, appareil fort ingénieux qui sert à apprécier la quantité d'humidité contenue dans l'atmosphère.

Que l'aéronaute ajoute maintenant à sa cargaison, une boussole et une lunette d'approche, il peut partir sans trop redouter l'imprévu. Cependant, s'il espère atteindre les régions élevées où l'air devient irrespirable, il doit faire provision de ballonnets remplis d'oxygène, dans lesquels il puisera la vie, en quelque sorte au biberon.

Mais ce cas fait partie des grandes explorations qui appartiennent tout spécialement à la science.

L. HUARD.

TABLE DES MATIERES

Sceaux. — Imp. Charaire et Cie.